ESO 1

Biología y Geología

AUTORES
Francisco Márquez Álvarez
Antonio Mora Pizarro

SECCIONES PROCEDIMENTALES
David Blanco Laserna

El 0,7 % de la venta de este libro se destina a proyectos de desarrollo de la ONGD SED (www.sed-ongd.org).

EDELVIVES ESO

ESO 1

biología y geología

Los ecosistemas

Los ecosistemas

¿Qué importancia creo que tendrá la capacidad de relacionar conocimientos en el estudio de los ecosistemas?

1 Elabora una lista en la que aparezcan los seres vivos que podrían vivir en esta laguna. Después, inventa un relato en el que describas las relaciones que se podrían establecer entre ellos.

2 ¿Cuáles crees que son los factores que influyen en la vida de esta laguna?

01 La ecología y los ecosistemas

Un pinar, un prado, una pequeña charca y la selva tropical son ejemplos de ecosistemas. La ciencia que se encarga de su estudio es la ecología.

La **ecología** estudia las relaciones entre los seres vivos, y entre ellos y el medioambiente que los rodea.

Un **ecosistema** es un conjunto de seres vivos que se relacionan entre sí y con el lugar en el que se encuentran, con unas condiciones ambientales determinadas.

01.1 Componentes de los ecosistemas

En cualquier ecosistema se distinguen dos componentes: el **biotopo** y la **comunidad** o **biocenosis.**

El **biotopo** es la parte no viva de un ecosistema. Está formado por el **espacio físico** que sostiene y envuelve a los seres vivos, y por las **condiciones** en las que se encuentran estos, como la temperatura, la humedad y la luz.

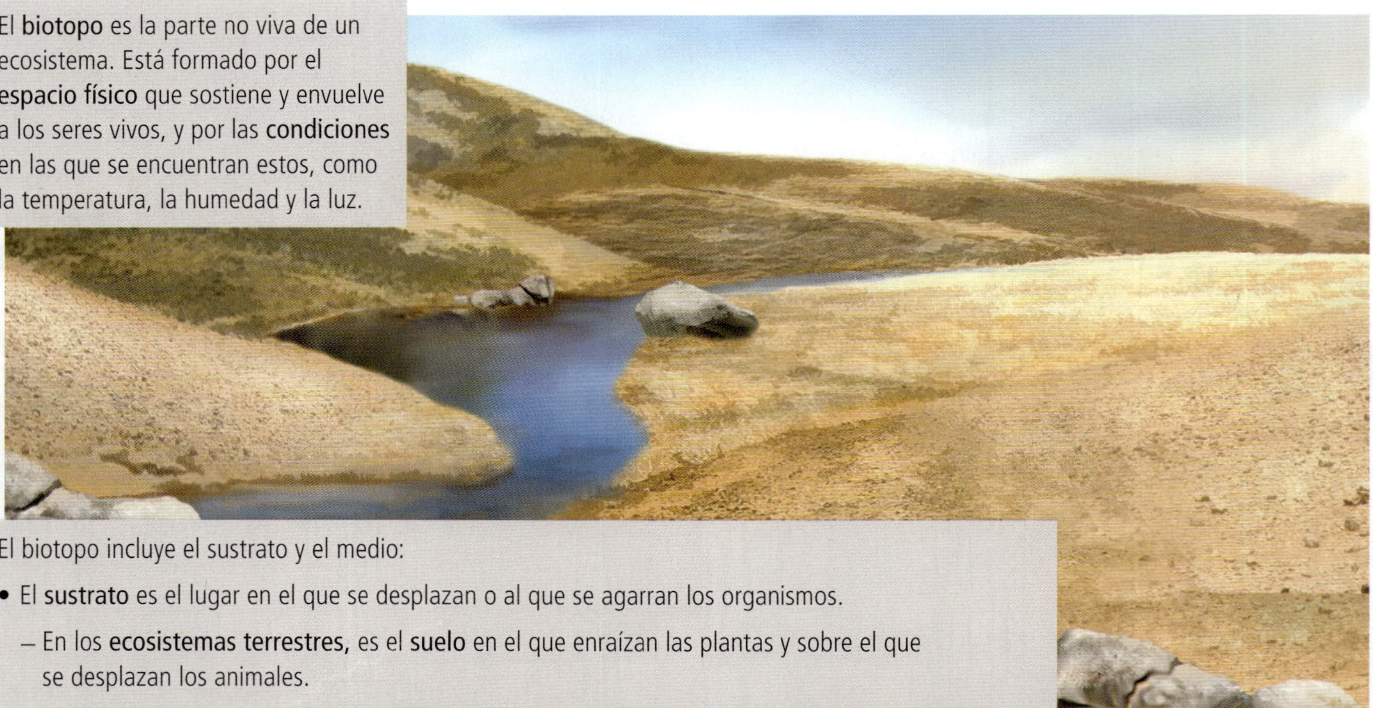

El biotopo incluye el sustrato y el medio:

- El **sustrato** es el lugar en el que se desplazan o al que se agarran los organismos.
  - En los **ecosistemas terrestres,** es el **suelo** en el que enraízan las plantas y sobre el que se desplazan los animales.
  - En los **ecosistemas acuáticos,** el sustrato lo constituyen el **fondo** y el **agua.** El fondo sirve de agarre y desplazamiento a muchos organismos. En el agua, además, se mueven o flotan múltiples seres vivos.
- El **medio** es la masa de agua o de aire que envuelve a la comunidad de seres vivos.
  - El **medio acuático** comprende los mares y los océanos, además de los ríos, los lagos y las lagunas del planeta. En el agua están disueltos los gases implicados en la respiración y la fotosíntesis de todos sus habitantes.
  - El **medio aéreo** incluye la parte inferior de la atmósfera y las capas superficiales del suelo. Sus habitantes tienen más dificultades que los acuáticos para vencer la fuerza de la gravedad en sus desplazamientos —es lo que ocurre con los animales— o para mantenerse erguidos —como sucede con las plantas—.

La **comunidad** o **biocenosis** es la parte viva de un ecosistema. Está formada por todos los **seres vivos** que comparten un espacio y que dependen unos de otros para su mantenimiento.

Una comunidad se compone de **poblaciones,** que son los grupos de organismos de la misma especie que comparten el mismo biotopo y que están en interacción entre ellos y con el medio.

La comunidad presenta ciertas características, que permiten su estudio:

- **Diversidad de especies.** Es la razón entre el número de especies y el número de individuos de una comunidad.
- **Abundancia.** Es la razón entre el número de individuos de una especie y el número de individuos de una comunidad.
- **Dominancia.** Se refiere a las especies que tienen mayor éxito en la comunidad por su tamaño, su cantidad o su actividad. Las especies dominantes determinan las condiciones bajo las cuales viven las demás.
- **Estratificación.** En un bosque, las plantas y el suelo determinan una estructura vertical estratificada (árboles, arbustos, matorrales y hierbas) en la que se distribuyen los animales. En las comunidades acuáticas también existe una zonación vertical, debida a las propiedades físicas del agua y la luz.
- **Estructura trófica.** Hace referencia a las relaciones alimentarias que se dan en la comunidad.

02 Factores que intervienen en los ecosistemas

La presencia de organismos de una determinada especie en unas zonas y su ausencia en otras se debe a la capacidad de los seres vivos para dispersarse, establecerse y reproducirse. En cada lugar, esa capacidad se ve impedida o favorecida por determinados factores que influyen en la distribución y la abundancia de las poblaciones. Tales factores pueden ser abióticos y bióticos.

Límites de tolerancia

Cada especie presenta unos **límites de tolerancia** ante cada factor. Fuera de estos, la especie no puede vivir.

02.1 Factores abióticos

Los **factores abióticos** son las condiciones fisicoquímicas de un biotopo. No dependen directamente de los seres vivos, pero provocan en ellos adaptaciones y comportamientos para seguir viviendo. Los principales factores abióticos son:

Temperatura

Influye en la distribución de animales y plantas, ya que afecta a la supervivencia, a la reproducción y al desarrollo de huevos y semillas. Una temperatura por debajo de 0 °C implica riesgo de congelación. Por encima de 50 °C, las proteínas que forman parte de los seres vivos pierden sus propiedades.

Composición química del medio

Interviene en la distribución y en el reparto de los seres vivos. En los ecosistemas acuáticos, la salinidad o concentración de sales disueltas en el agua determina el hecho de que las especies aparezcan en unas u otras zonas, en función de la capacidad de estas para regular la concentración interna de sales.

Luz

Es la fuente de energía con la que los seres fotosintéticos fabrican materia orgánica a partir de materia inorgánica. La alternancia del día y la noche o la distinta duración del día con las estaciones, hacen que existan animales de hábitos nocturnos y animales de hábitos diurnos, y señalan la época de reproducción.

Humedad

Es un factor importante en los ecosistemas terrestres. Sin la humedad adecuada, no hay vida. Cuando la humedad del aire es baja, los organismos luchan contra la deshidratación mediante adaptaciones en su cuerpo o por medio de comportamientos que evitan la pérdida de agua o que favorecen su conservación.

02.2 Factores bióticos

Los **factores bióticos** son los que limitan la distribución y la abundancia de los seres vivos, debido a las relaciones con otros seres vivos de su misma especie o de otra especie diferente.

Relaciones intraespecíficas

Son las relaciones que se dan entre organismos de la **misma especie.** Algunas de ellas son las siguientes.

Familia

Es una asociación entre progenitores y descendientes en la que los individuos ayudan para conseguir el alimento y defenderse de los depredadores.

Sociedad

Es una asociación gregaria, como la manada y la asociación de los insectos sociales. Ayuda en la reproducción, la protección y la alimentación.

Territorialidad

Esta asociación evita que varios integrantes de la misma especie ocupen un determinado territorio. Sirve para impedir el agotamiento de los recursos.

Relaciones interespecíficas

Son las relaciones que se establecen entre individuos de **distintas especies.** Estas relaciones pueden tener resultados positivos y negativos.

Relaciones positivas

Mediante las relaciones de mutualismo, dos especies se benefician la una a la otra. Por ejemplo, el pez se protege en la anémona y esta se alimenta de los restos que deja el pez.

En las relaciones de comensalismo, una especie se beneficia de otra, la cual no resulta beneficiada ni perjudicada. Por ejemplo, el buitre se alimenta de los restos de alimentos que deja el león.

Relaciones negativas

En las relaciones de competencia, dos especies se perjudican mutuamente por utilizar un mismo recurso, que es escaso. Por ejemplo, el guepardo y la hiena compiten por la misma presa.

Mediante la relación de depredación, una especie, llamada depredador, se alimenta de otra, la presa, provocando su muerte. Por ejemplo, el conejo sirve de alimento al lince.

03 Funcionamiento del ecosistema

Un ecosistema requiere materia para mantener su estructura y energía para su funcionamiento. La materia circula de forma cíclica en los ecosistemas, mientras que la energía lo hace en una única dirección.

Flujo cíclico de la materia

La materia inorgánica del biotopo se convierte en la materia orgánica de la biocenosis gracias a la fotosíntesis.

La materia orgánica es descompuesta y devuelta al biotopo como materia inorgánica.

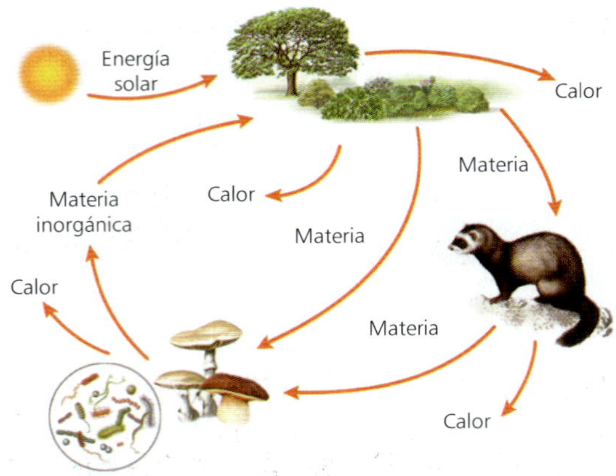

Flujo unidireccional de la energía

Mediante la fotosíntesis, la energía luminosa se almacena en forma de energía química en la materia viva. Esta se puede usar para realizar trabajo y se pierde, en parte, en forma de calor.

03.1 Niveles tróficos

La materia y la energía fluyen por la biocenosis organizadamente —en forma de alimento—, desde su origen en las plantas o las algas, pasando por los animales herbívoros, hasta llegar a los carnívoros. De todos ellos, pasa a los organismos saprofitos, que cierran el ciclo. Según el modo en que los seres vivos se alimentan en el ecosistema, se pueden establecer tres **niveles tróficos:**

Productores: plantas y algas

Se trata de organismos autótrofos, que convierten la materia inorgánica en materia orgánica gracias a la energía del sol.

Consumidores: animales

Son seres heterótrofos, que se alimentan de la materia orgánica que han fabricado los productores. Los consumidores primarios son los herbívoros y los consumidores secundarios y terciarios son los carnívoros.

Descomponedores: hongos y muchas bacterias

Son organismos heterótrofos, que se alimentan de restos de otros seres vivos. Transforman la materia orgánica en inorgánica, que utilizarán de nuevo los productores.

Cadenas y redes tróficas

Las **cadenas tróficas** o **alimentarias** representan de forma lineal la transferencia de energía, en forma de alimento, desde los productores a los diferentes niveles de consumidores. Así, una hierba alimenta a un saltamontes, un saltamontes sirve de alimento a un mirlo y este nutre a un halcón peregrino.

En los ecosistemas no existen cadenas tróficas independientes unas de otras; todas están interconectadas formando **redes tróficas.** Una única especie puede servir de alimento a varias especies a la vez. Del mismo modo, una determinada especie se puede alimentar de varias especies de seres vivos.

Red trófica marina.

Red trófica terrestre.

ACTIVIDADES

1 ¿Es lo mismo biotopo que sustrato o medio? ¿Y comunidad y población? Explica tus respuestas.

2 Busca ejemplos de seres que se agarren al sustrato y que estén rodeados por distintos medios.

3 Explica la diferencia existente entre *abiótico* y *biótico*.

4 Dos especies de predadores pueden competir para sobrevivir cuando tienen presas comunes con poblaciones cada vez menos numerosas. ¿Crees que dos plantas también pueden competir por alguna causa? Explica tu respuesta.

5 ¿De qué manera interviene la fotosíntesis en el funcionamiento de un ecosistema?

6 Establece con flechas un ciclo ordenado de los siguientes niveles tróficos, según el flujo de materia que haya entre ellos: consumidores secundarios, descomponedores, consumidores primarios y productores.

7 Pon dos ejemplos de consumidores terciarios de algún ecosistema y menciona algunas especies de las que se alimenten.

8 Establece, sirviéndote de ejemplos, la diferencia entre cadenas y redes tróficas.

9 Piensa en una cadena alimentaria de algún ecosistema cercano a tu localidad y escríbela.

04 Ecosistemas acuáticos

En los **ecosistemas acuáticos**, el medio es el agua. Según su salinidad, se clasifican en ecosistemas marinos y ecosistemas de agua dulce.

En estos ecosistemas, las cadenas tróficas suelen comenzar con los organismos autótrofos más pequeños y terminan con los animales más grandes.

Seres vivos de los ecosistemas acuáticos

- Plancton: se encuentran a la deriva en la superficie del agua.
- Necton: nadan activamente.
- Bentos: viven en el fondo semienterrados, fijos o se desplazan cerca de él.

04.1 Ecosistemas marinos

Los **ecosistemas marinos** se localizan en los mares y océanos, y en los límites de estos con los continentes, como las marismas, las albuferas y los estuarios.

Se caracterizan por contener una **salinidad** media del agua de **35 g por litro** y por el hecho de que, en ellos, la luz disminuye con la profundidad, de modo que, a partir de 200 m, llega menos del 1 % de la luz incidente.

Presentan tres zonas, según su distancia a la costa: litoral, nerítica y pelágica.

Zona litoral

Es la zona más cercana a la costa. Es poco profunda; en ella, el oleaje y las mareas ocasionan una agitación constante del agua. Las especies alternan periodos en los que están sumergidas con otros en los que se exponen al aire, como los mejillones y las lapas.

Zona nerítica

Incluye las aguas marinas que se encuentran sobre la plataforma continental. Son aguas poco profundas en las que la luz llega hasta el fondo, donde se desarrollan organismos fotosintetizadores como las algas y las plantas. A esta área llegan nutrientes transportados por los ríos y por las corrientes marinas; por eso son las regiones más productivas de la Tierra.

Zona pelágica

Es la región más alejada de la costa. Se sitúa más allá de la plataforma continental. En ella se distingue la zona **fótica** (a la que llega la luz) de la zona **afótica** (donde no llega la luz). Las especies de la zona afótica dependen de los organismos fotosintetizadores, que viven en la superficie. Por eso, la mayoría asciende cada noche para alimentarse, mientras que algunos (como los peces abisales) esperan la caída de restos orgánicos.

04.2 Ecosistemas de agua dulce

El agua de estos ecosistemas tiene una **salinidad inferior a 0,5 g por litro.** Según la velocidad de la corriente, se clasifican en ecosistemas de aguas estancadas y ecosistemas de aguas corrientes.

Aguas estancadas

Son lagos, lagunas y pantanos. En ellos, el agua no presenta corriente aparente, por lo que los nutrientes se acumulan en el fondo. Esto dificulta la disolución de los gases de la atmósfera, necesaria para la respiración y la fotosíntesis. Existen tres zonas:

- **Litoral.** Comprende las aguas someras cercanas a la orilla. Abundan plantas, algas, caracoles, anélidos, insectos, anfibios y peces.
- **Aguas libres.** Son las aguas alejadas de la orilla e iluminadas. En ellas están presentes algas, pequeños crustáceos y peces.
- **Aguas profundas.** Se trata de las aguas alejadas de la orilla, con escasa luz y poco oxígeno. Aquí viven peces y larvas de insectos.

Aguas corrientes

Son los arroyos y los ríos, en los que el agua fluye siempre en la misma dirección. Este movimiento extrae nutrientes de la ribera y facilita la oxigenación del agua. En ellos se diferencian dos zonas:

- **Zona de rápidos.** La corriente es intensa. Predominan plantas y algas fijas en el fondo, insectos, anfibios y peces.
- **Zona de remanso.** La corriente tiene menos velocidad y se depositan sedimentos en los que enraízan plantas acuáticas y se entierran invertebrados y peces. En la superficie, es frecuente encontrar insectos y plantas flotantes.

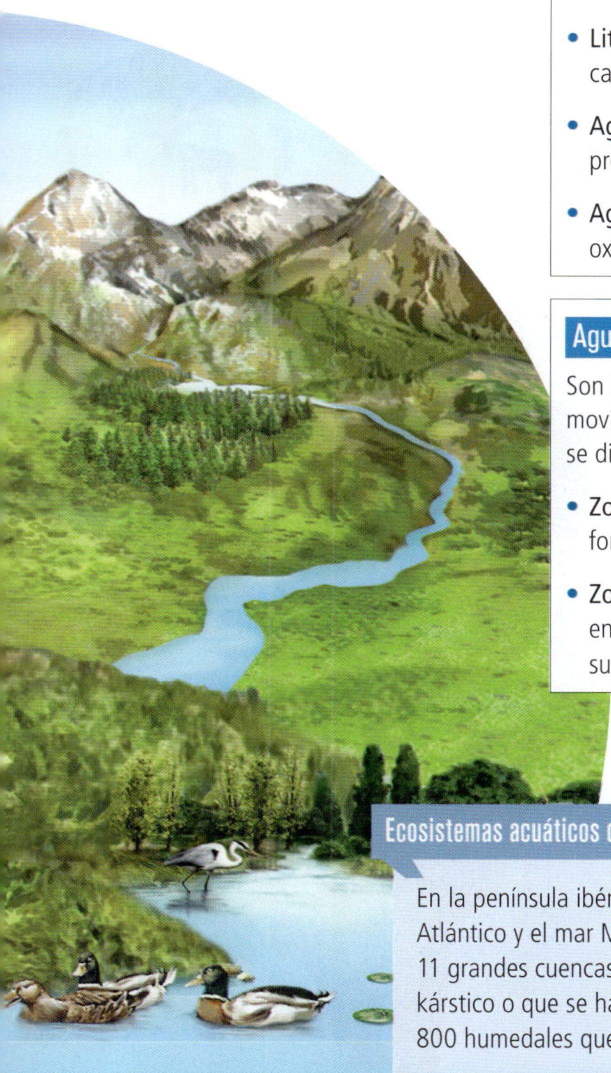

Ecosistemas acuáticos de la península ibérica

En la península ibérica, las diferencias de salinidad y temperatura que existen entre el océano Atlántico y el mar Mediterráneo determinan que los ecosistemas sean diferentes. En ella existen 11 grandes cuencas fluviales, más de 1 000 grandes embalses, miles de lagos de origen glaciar, kárstico o que se han generado como consecuencia de la actividad minera, y más de 800 humedales que constituyen ecosistemas con características variables.

Praderas de posidonia, Mediterráneo.

Lago Enol, Asturias.

Río Jarama, Madrid.

05 Ecosistemas terrestres

Los **ecosistemas terrestres** tienen el aire como medio y los seres vivos que los habitan utilizan el suelo como sustrato.

En estos ecosistemas, los principales factores abióticos que condicionan el desarrollo de los seres vivos son la temperatura y el agua disponible, los cuales están determinados por el clima de cada región. Por tanto, en cada zona climática existirán ecosistemas terrestres diferentes.

Ecosistemas de climas fríos

Tundra

El clima es muy frío, con escasas precipitaciones y vientos fuertes. El suelo permanece helado todo el año. Alberga algunos arbustos, hierbas, musgos y líquenes, y animales como mamíferos y aves, que se mantienen activos durante todo el año.

Taiga

Las temperaturas son muy bajas todo el año y las precipitaciones, abundantes en invierno, se dan en forma de nieve. Son comunes los bosques de coníferas y abundan musgos y líquenes, y animales terrestres como los mamíferos.

Ecosistemas de climas templados

Bosque caducifolio

Las lluvias son abundantes durante todo el año y los inviernos son fríos y con abundantes nevadas. No hay estación seca. Hay árboles de hoja caduca, así como grandes mamíferos, roedores y rapaces.

Estepas y praderas

Se desarrollan en lugares con lluvias escasas e irregulares, de veranos secos e inviernos largos y fríos. La vegetación es herbácea, compuesta por gramíneas, y entre los animales destacan herbívoros rumiantes, roedores y aves.

Bosque mediterráneo

Las lluvias son irregulares y escasas. Los inviernos tienen temperaturas suaves y hay un periodo de sequía estival, que dura varios meses. Son comunes los árboles y arbustos que resisten bien la sequía del verano, y abundan reptiles, mamíferos de gran tamaño, roedores y aves.

Ecosistemas terrestres de la península ibérica

Por su situación geográfica, la península ibérica cuenta con tres ecosistemas característicos.

Hay encinas, alcornoques y arbustos como el lentisco.

Alberga robles, hayas y castaños.

En él crecen los cactus y las chumberas.

Ecosistemas de climas cálidos

Selva

Es el ecosistema característico de las zonas próximas al ecuador. El clima se caracteriza por la abundancia de lluvias, unas temperaturas medias en torno a 20 °C y la ausencia de estaciones. Alberga grandes árboles de hoja perenne, lianas y epifitas, y entre los animales abundan insectos, reptiles, aves y mamíferos.

Desierto

El clima es muy seco, con escasez de precipitaciones. Las temperaturas son altas en los desiertos próximos a los trópicos y bajas en aquellos más alejados de estos o situadas a gran altitud. Hay algunos arbustos y hierbas de crecimiento rápido, y animales como artrópodos, reptiles y algunos mamíferos y aves.

Sabana

Alterna una estación lluviosa con otra seca. La primera favorece el crecimiento de las hierbas y la segunda facilita la propagación de los incendios, lo que frena el desarrollo de los árboles. Presenta hierbas, matorrales y algunos árboles dispersos, y abundan los grandes mamíferos herbívoros.

Ecosistemas de montaña

Montaña

Abundan las precipitaciones, que son en forma de nieve durante el invierno. Debido a la altitud, las temperaturas son bajas durante todo el año. La vegetación se distribuye de forma escalonada: matorral con forma almohadillada, coníferas y hierbas. También hay grandes rapaces y herbívoros de hábitos rupícolas.

06 Desequilibrios en los ecosistemas

El equilibrio y el desarrollo natural de los ecosistemas se pueden ver alterados por modificaciones en el biotopo o en algún componente de la biocenosis.

Un **impacto ambiental** es un conjunto de efectos negativos sobre el medioambiente que ocasiona una modificación del entorno, como consecuencia de fenómenos naturales o de la actividad humana.

Evaluación de impacto ambiental

En los países desarrollados, las leyes obligan a las instituciones públicas y privadas a que, antes de ejecutar un proyecto, hagan una evaluación para estudiar los aspectos positivos y negativos que conlleva en el medio natural o social.

Impactos ambientales naturales

Son impactos ambientales naturales fenómenos como las **erupciones volcánicas,** los **terremotos,** los **rayos** y las **lluvias torrenciales,** que pueden alterar la estructura y el funcionamiento de los ecosistemas o hacerlos desaparecer. Los cambios climáticos en el planeta también modifican los ecosistemas. Es el caso de las **glaciaciones** y los **periodos interglaciares**.

Los rayos pueden causar incendios forestales, haciendo desaparecer un ecosistema en pocas horas.

Los tsunamis destruyen ciudades y ecosistemas litorales, y alteran la salinidad de los suelos y los acuíferos afectados.

La última glaciación cubrió de hielo el norte de Estados Unidos y en Europa, el norte de Alemania y Polonia.

Impactos ambientales antrópicos

El aumento de la población humana, el desarrollo industrial y tecnológico, así como también el consumo masivo de energía, son factores responsables de la mayoría de los impactos ambientales que se producen en nuestro planeta. Pueden ser **locales** y **globales.**

Locales

Su efecto se limita a las zonas más próximas al origen del impacto. Son ejemplos el desarrollo de infraestructuras (carreteras, puentes, túneles o canalizaciones); la contaminación del suelo, el aire o el agua por escapes de sustancias tóxicas; la acumulación de residuos sólidos y la contaminación acústica por un exceso de ruido.

Globales

Su efecto se deja sentir en todo el planeta, por tratarse de emisiones a la atmósfera. Son los gases de efecto invernadero, responsables del actual calentamiento global, las sustancias destructoras de la capa de ozono estratosférico y las emisiones de gases que causan la lluvia ácida.

07 La conservación del medioambiente

Los seres humanos somos conscientes de los daños que ocasionamos en los ecosistemas. Por ello, han surgido iniciativas que favorecen su conservación, como leyes medioambientales, iniciativas sociales y educativas, y nuevas tecnologías.

Leyes medioambientales

En la actualidad, se promueven leyes que favorecen la protección de las especies en peligro de extinción, la conservación de los ecosistemas y el uso sostenible de los recursos naturales. En España, los espacios naturales protegidos son:

Parques

Son amplias áreas protegidas. Pueden ser parques nacionales o naturales.

Parque Nacional de Doñana (Huelva).

Reservas naturales

Son espacios de reducida extensión donde se prohíbe la recolección de material.

Laguna de Fuente de Piedra (Málaga).

Áreas marinas protegidas

Incluyen espacios del medio marino en los que está limitada la explotación de sus recursos naturales.

Paisaje del Delta del Ebro (Tarragona).

Monumentos naturales

Son elementos del medio natural protegidos por su especial belleza o singularidad.

Peña de Arcos de la Frontera (Cádiz).

Paisajes protegidos

Se trata de lugares del medio natural que se protegen por su gran valor estético o cultural.

La Geria (isla de Lanzarote).

Iniciativas sociales y educativas

El uso sostenible de los recursos naturales y la gestión adecuada de los residuos reducen el daño a los ecosistemas. Cada ser humano puede tomar la iniciativa y llevar a cabo acciones que favorezcan la conservación del medioambiente.

No dejar señales de nuestro paso cuando visitamos un lugar para favorecer su conservación.

Reducir el consumo de energía contribuye al desarrollo sostenible y a la conservación de los ecosistemas.

Reciclar los residuos permite conservar los recursos naturales y reducir la contaminación de los ecosistemas.

Nuevas tecnologías y medioambiente

En la actualidad disponemos de tecnologías capaces de generar electricidad sin recurrir a los combustibles fósiles, como los aerogeneradores, las centrales fotovoltaicas, las centrales hidroeléctricas y las centrales nucleares.

08 El suelo como ecosistema

Los seres vivos que forman parte de los ecosistemas terrestres obtienen del suelo soporte, refugio y nutrientes. Las plantas desarrollan sus raíces en el interior del suelo para crecer, y para obtener agua y sales minerales. Algunos animales excavan galerías en su interior y lo usan como refugio; otros, como los organismos descomponedores, utilizan como alimento la materia orgánica que contiene.

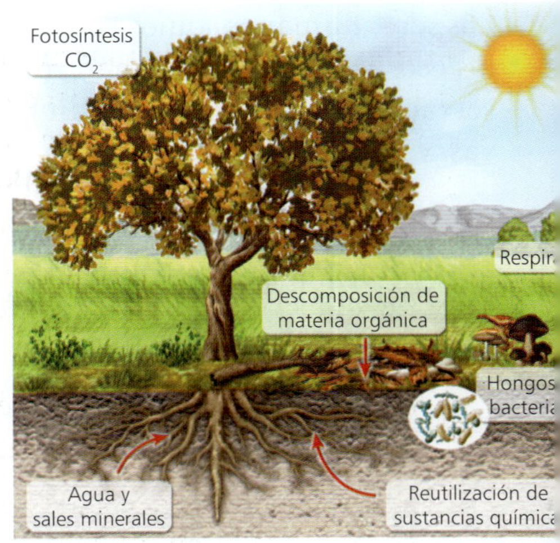

El **suelo** es el sustrato de los ecosistemas terrestres. Está constituido por los materiales de origen orgánico e inorgánico que cubren las rocas de la superficie del planeta.

La formación del suelo

El suelo se origina a partir de las rocas que hay en la superficie, por la acción de la atmósfera y de los seres vivos que existen sobre ella. Es un proceso lento en el que se suceden las siguientes etapas:

Fragmentación de las rocas

Las rocas superficiales se fragmentan por las variaciones diarias de temperatura y la congelación del agua de sus poros y grietas.

Acumulación de materia orgánica

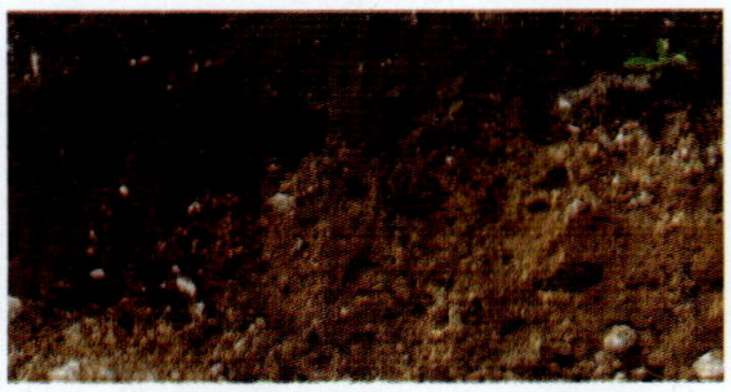

Los seres vivos depositan materia orgánica sobre los fragmentos de las rocas como resultado de su actividad. Su descomposición origina el **humus**.

Evolución del suelo

Las sustancias que liberan las rocas y las que aparecen a consecuencia de la formación del humus, penetran a zonas profundas, arrastradas por el agua.

Perfil del suelo

El proceso de formación del suelo es intenso en la superficie y se debilita con la profundidad. Por ello, hay una transformación de un material uniforme —la roca madre— en otro heterogéneo, estratificado en capas de diferente composición y propiedades. Estas capas se organizan en **horizontes**, cuya sucesión conforma el **perfil del suelo.**

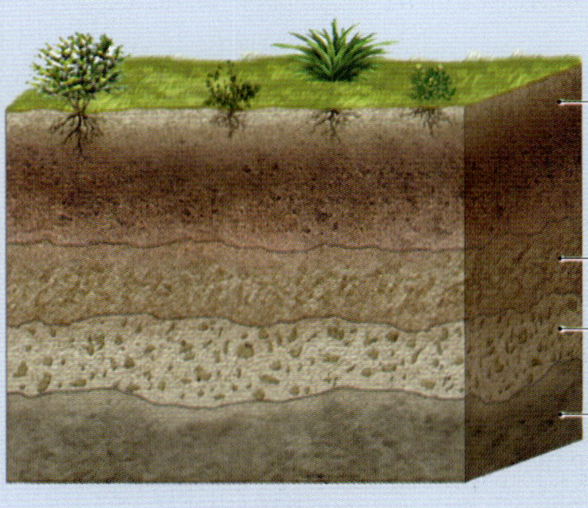

A Capa donde se acumula el humus, mezclado con los minerales del suelo. A medida que aumenta la cantidad de materia orgánica que contiene, se hace más oscuro.

B Capa formada por la acumulación de materiales procedentes del horizonte A, que llegan hasta ella arrastrados por el agua que se infiltra desde la superficie.

C Capa constituida por la roca madre, más o menos fragmentada.

D Roca madre sin alterar.

Composición del suelo

El suelo está formado por partículas minerales, materia orgánica, agua y aire.

- El tamaño de las **partículas minerales** condiciona las propiedades físicas del suelo. Los suelos **arenosos** están formados por partículas grandes que los hacen permeables, de modo que el agua se pierde rápidamente por infiltración. Los suelos **arcillosos,** formados por partículas pequeñas, no drenan el agua y se encharcan fácilmente. Los suelos formados por una mezcla de **arcilla y arena** mantienen la humedad y no se encharcan, por lo que son los más adecuados para el desarrollo de la vegetación.
- La **materia orgánica** del suelo procede de la descomposición de los restos de origen vegetal y animal. Esta descomposición es necesaria, pues permite la reutilización de elementos químicos esenciales para los seres vivos.
- El **agua** del suelo procede de las precipitaciones y se acumula en proporción variable, en función de las condiciones ambientales.
- El **aire** procede de la atmósfera e incorpora al suelo los gases necesarios para la actividad biológica.

Componentes del suelo

La proporción de los componentes del suelo varía según el tipo de suelo, la naturaleza de la roca madre, las características del clima y el tipo de vegetación que se desarrolla en él.

Influencia de los seres vivos en la formación del suelo

Los seres vivos influyen en la formación del suelo del siguiente modo:

- La **vegetación** procura un ambiente sombreado y húmedo que evita que se destruya la materia orgánica depositada en el suelo por insolación. Sus raíces protegen al suelo de la erosión, y favorecen la aireación y la permeabilidad. Los restos vegetales, además de formar parte del humus, impiden la compactación excesiva del suelo.
- Los **microorganismos** liberan los minerales del suelo, haciéndolos accesibles a otros seres vivos.
- Los **animales** excavan galerías favoreciendo la permeabilidad del suelo y mezclando las materias orgánica y mineral. Así, mejora la accesibilidad de los microorganismos a la materia orgánica.
- El **ser humano** es el ser vivo que más influye en las propiedades del suelo, tanto para su mejora como para su erosión y contaminación.

Importancia del suelo

En el suelo crecen las plantas que consumen los animales herbívoros y es la superficie en la que cultiva el ser humano. El suelo también es importante para el ser humano porque sobre él construye sus viviendas y otras estructuras.

¿Por qué es frágil el suelo? +

El suelo es un sustrato frágil que se puede alterar fácilmente. La principal causa de su alteración y pérdida es la **erosión**. Cuando se quema o tala un bosque, el suelo queda desprotegido y el agua de lluvia lo arrastra, lo que ocasiona la **desertización**.

El ser humano destruye el suelo al sobreexplotarlo y contaminarlo. Su uso intensivo hace que se agote, de modo que queda baldío por su incapacidad para sostener la vida vegetal. La contaminación del suelo sucede cuando llegan hasta él sustancias nocivas para los seres vivos. En otras ocasiones, la contaminación es consecuencia de accidentes, como la rotura de balsas de almacenamiento de lixiviados mineros, el abonado excesivo de las tierras de cultivo o el vertido accidental de hidrocarburos.

ACTIVIDADES

10 ¿Cuál es el sustrato en los ecosistemas acuáticos?

11 Agrupa los organismos de las imágenes según pertenezcan al plancton, al necton o al bentos.

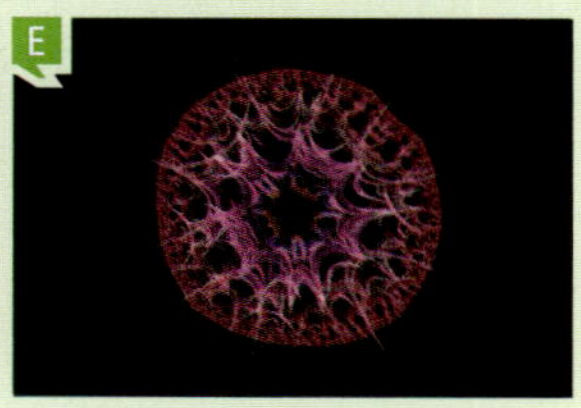

12 ¿En qué tipo de ecosistema serán más largas las cadenas tróficas, en el acuático o en el terrestre? Justifica tu respuesta.

13 ¿Por qué la marisma es un ecosistema acuático?

14 Explica, a partir de los datos de la gráfica, cómo varía la temperatura en los océanos a medida que aumenta la profundidad. ¿Cuál puede ser la causa de los cambios bruscos que se registran en esa variación?

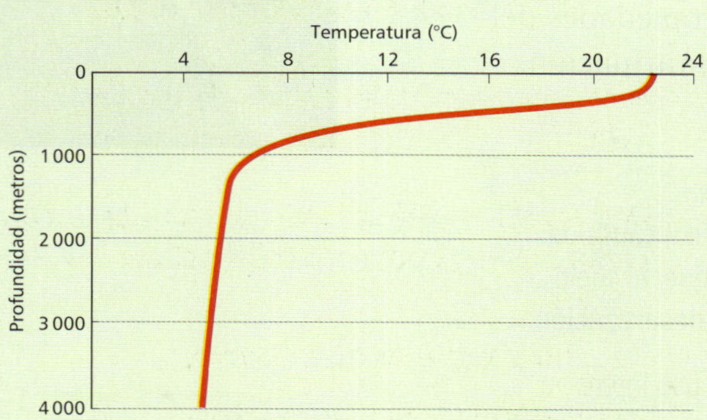

15 ¿A qué se debe que las especies que viven en la zona litoral de los ecosistemas marinos estén expuestas al aire dos veces a lo largo del día?

16 ¿Por qué no existen organismos fotosintetizadores a una profundidad superior a 200 metros?

17 ¿Por qué la mayoría de las especies heterótrofas de la zona pelágica ascienden cada noche hacia la superficie?

18 ¿En qué se diferencian los ecosistemas de agua dulce de los ecosistemas de agua salada?

19 ¿Por qué los lagos contienen menos oxígeno disuelto que los ríos?

20 Explica las diferencias más significativas que existen entre los seres vivos que habitan en la zona de rápidos y en la zona de remanso de las aguas corrientes.

21 ¿Por qué en España hay una gran variedad de ecosistemas acuáticos?

22 ¿Qué tipo de organismo es la posidonia?

23 Elabora un esquema en el que aparezcan los elementos que integran un ecosistema terrestre.

24 Investiga qué es el permafrost y responde:

a. ¿En qué tipo de ecosistema está presente el permafrost?

b. ¿A qué sustancia, imprescindible para los seres vivos, no se puede acceder, por el desarrollo del permafrost?

c. ¿Qué influencia tiene en el desarrollo de los seres vivos de la región en la que se forma?

25 En la taiga predominan los árboles con copa cónica, frente a los que tienen copa globular. ¿Qué ventaja ofrece este hecho a los árboles?

26 ¿Qué relación existe entre los inviernos fríos del bosque caducifolio y la caída de todas las hojas de las especies arbóreas de este tipo de ecosistema, durante el invierno?

27 En la estepa abundan las especies migratorias. ¿A qué crees que se debe este hecho?

28 Muchas especie presentes en el bosque mediterráneo son resistentes al fuego. Investiga qué adaptaciones se pueden encontrar en estas especies y pon algunos ejemplos.

29 ¿Por qué en la selva se desarrolla una vegetación exuberante?

30 ¿Por qué las hierbas del desierto son de crecimiento rápido?

31 Entre la vegetación de montaña, destacan los arbustos con forma almohadillada. ¿Qué ventaja puede suponer esta forma para los arbustos? ¿Y para los animales pequeños que viven entre ellos?

32 Representa en un mapa de España las localizaciones del bosque mediterráneo, el bosque caducifolio y el desierto. ¿Existe alguna relación entre la distribución de estos ecosistemas y el clima de las regiones que ocupan?

33 ¿Qué tipo de ecosistema terrestre encontrarás en cada una de las regiones señaladas con los números?

34 Menciona las semejanzas y las diferencias entre área marina protegida, monumento natural y paisaje protegido.

35 Explica la diferencia existente entre los impactos ambientales antrópicos locales y globales.

36 ¿Por qué la instalación de aerogeneradores reduce el deterioro del medioambiente? ¿Los aerogeneradores pueden tener consecuencias negativas para algunos seres vivos?

37 Haz una relación de cinco acciones cotidianas que favorezcan la conservación de los ecosistemas.

38 Explica cómo participan los seres vivos en la formación del suelo.

39 Investiga qué es la gelifracción y la termoclastia. ¿Cómo influyen estos procesos en la formación del suelo?

40 ¿Dónde será más fácil que se forme suelo, en la ladera de una montaña o en una meseta? ¿Por qué?

41 ¿En qué situación se puede producir el ascenso de las sales minerales desde el horizonte B al horizonte A? Describe el proceso.

42 Investiga en qué se diferencia un suelo que se ha originado a partir de granito de otro que se ha creado a partir de caliza. Indica qué especies son características de cada tipo de suelo, entre las que forman el bosque mediterráneo.

43 Explica, de forma breve, cómo contribuyen las lombrices de tierra al desarrollo del suelo.

44 Enumera las principales fuentes de contaminación del suelo.

45 Investiga en qué consistió la rotura de la balsa de residuos mineros del Aznalcóllar del año 1998 y responde:

a. ¿Cómo afectó al suelo de la comarca?

b. ¿Cuáles fueron sus consecuencias?

c. ¿Se ha recuperado completamente el suelo?

d. ¿Qué labores se llevaron a cabo para eliminar la contaminación?

Un ecosistema dentro de una botella

Materiales

- Una botella de plástico de refresco, de dos o tres litros, limpia y sin etiquetas.
- Tierra y piedras.
- Semillas de judía.
- Tijeras y cinta aislante.

Construye el biotopo

a. Recorta la parte superior de la botella y déjala a un lado.

b. Cubre el fondo de la botella con piedras y añade una capa de tierra de unos 7 cm.

c. Incorpora pequeñas ramas y hojas.

Prepara la biocenosis

a. Planta varias semillas de judía. Puedes añadir también un poco de musgo.

b. Mantén la tierra húmeda, pero que no llegue a empaparse. Coloca la botella en un ambiente luminoso, sin que reciba la luz del sol directamente.

c. Cuando broten las judías, añade diversos insectos, como hormigas o pequeños escarabajos.

d. Tapa la botella con la parte superior que recortaste, pero colócala invertida. Séllala con cinta aislante.

PRACTICA TÚ

1. Dividid la clase en grupos y preparad cada uno una botella. Modificad las siguientes variables en cada experimento:
   - La cantidad y la clase de insectos.
   - El momento en el que se introducen dentro de la botella.
   - El tipo de tierra.
   - La especie de la planta.
   - Las horas de luz que recibe la botella.

   Observa la evolución de la botella, sin abrirla, durante varias semanas. Anota qué sucede cada día. ¿En qué botellas se establece un ecosistema más equilibrado?

2. Identifica los niveles tróficos y las redes tróficas.

3. ¿El ecosistema de la botella es un sistema completamente aislado?

Muy importante

Cuando termines el experimento, devuelve los insectos al lugar donde los recogiste.

Todo está relacionado

Copia el dibujo en tu cuaderno y resuelve las cuestiones.

ACTIVIDADES

1 Identifica el biotopo y la biocenosis.

2 Distingue, rodeando con un círculo de color, cada uno de los tres niveles tróficos:

- Con un círculo rojo, los productores.
- Con uno verde, los consumidores.
- Con uno amarillo, los descomponedores.

3 ¿Podrías incluir en alguna de las categorías anteriores a un ser vivo que no se pueda observar a simple vista?

4 Establece, mediante flechas, una red trófica que incluya a todos los seres vivos que se representan.

5 Incorpora a la misma red un par de seres vivos que no figuren en el dibujo.

6 ¿Qué clase de ecosistema representa el dibujo?

7 Haz un dibujo semejante que corresponda al ecosistema de un desierto.

DEBATE LA CIENCIA

¿Los parques naturales benefician a todos?

Bárbara saca a pasear a su perra. Por el camino, se cruza con Traque, un pastor que conduce su rebaño de ovejas.

BÁRBARA: Ya estás otra vez con los lobos.

TRAQUE: ¡Nunca me han gustado! Desde que yo era niño, esta sierra siempre se ha visto libre de ellos.

B.: Porque no dejabais uno vivo. ¡Los lobos también tienen derecho a ocupar su sitio en la naturaleza!

T.: Y yo también. Y Clara. Y Rita. Y el resto de las ovejas que se comen.

B.: Hay que buscar la manera de que todos podamos compartir el monte.

T.: ¡O no! Es imposible convivir con los lobos. Son depredadores natos. ¡No se quedan dentro del parque! Nunca se conforman con el territorio que ocupan.

B.: Ese comportamiento me suena. ¿Los seres humanos no te parecen también depredadores? A punto hemos estado de extinguir, no solo al lobo, sino a otras muchas especies. Precisamente el objetivo del parque es protegerlas y conservar la naturaleza.

T.: Conservar la naturaleza no es dejarla a su libre albedrío.

B.: ¿Y qué es mejor? ¿Dejar a los humanos a su libre albedrío?

T.: Me parece bien que se proteja al oso panda, pero no a unas fieras que se comen a mis ovejas.

B.: Eso es porque el oso panda te pilla muy lejos y no te molesta. Los lobos desempeñan un papel muy importante para el equilibrio de los ecosistemas. En ellos también tiene que haber depredadores.

T.: Los pastores hemos compartido esta tierra con el resto de animales durante siglos y hemos vivido juntos en paz y armonía.

B.: No sé si todos los animales de este lugar estarían de acuerdo contigo. No podemos ocupar la Tierra entera y explotarla para nuestros fines. Hay muchos más espacios dedicados a la ganadería que a los parques naturales. Las zonas protegidas son lugares especiales, donde la riqueza de las especies debe primar sobre cualquier otro interés.

T.: Eso es fácil decirlo cuando a ti no te perjudican. Esta ha sido siempre una tierra de pastores y ahora los que nos vamos a extinguir vamos a ser nosotros.

ACTIVIDADES

1 ¿Crees que es posible proteger el medioambiente de modo que todo el mundo salga beneficiado?

2 ¿Cuál es el parque natural más próximo a tu localidad? Busca información de a quién beneficia y de a quién puede perjudicar.

3 Busca más información sobre el conflicto entre los defensores de los lobos y muchos pastores. Investiga sobre la función que desempeñan los lobos en los ecosistemas. Establece un debate en clase, formando dos grupos, en el que cada uno defienda una postura.

REPASO FINAL

1 Explica la diferencia entre ecología y ecologismo.

2 Copia y asocia cada término de la izquierda con uno de los dos componentes básicos de un ecosistema de la derecha:

1. Diversidad.
2. Sustrato.
3. Comunidad.
4. Medio acuático.
5. Medio aéreo.
6. Abundancia.

a. Biotopo.

b. Biocenosis.

3 Clasifica en factores abióticos o factores bióticos los siguientes conceptos: depredación, luz, humedad, comensalismo, temperatura y territorialidad.

4 Las abejas son insectos que forman sociedades. Investiga de qué modo se constituyen esas sociedades, las castas que poseen y la función de cada casta.

5 Los ecólogos afirman que la luz es un factor abiótico doble, ya que interviene en los ecosistemas de dos maneras: como factor regulador y como recurso. ¿Qué quiere decir esto?

6 Las rémoras tienen la primera aleta dorsal adhesiva y con ella se fijan a animales marinos de gran tamaño para ser transportadas. Además, pueden limpiar de parásitos a sus transportadores y, en ocasiones, comer restos de su comida. Explica esta relación.

7 Aclara, ayudándote con ejemplos, la diferencia que existe entre las relaciones interespecíficas e intraespecíficas.

8 ¿Qué interacción negativa evitan las plantas al desarrollar semillas con frutos o estructuras que las alejan de la planta que las produce?

9 Lee el texto siguiente sobre las relaciones intraespecíficas. Después de buscar en un diccionario el significado de las palabras que desconozcas, haz un pequeño trabajo que refleje tu opinión sobre él y ponlo en común con el resto de la clase.

> Aunque la competencia intraespecífica es inevitable e incluso beneficiosa para mantener el nivel de adaptación de la especie, en la práctica, la mayoría de las especies han desarrollado evolutivamente medios mediante los cuales la competencia se atenúa de algún modo y sus efectos sobre el individuo y el grupo están amortiguados. Hubo un tiempo en que se sostuvo que los seres vivos interactuaban de un modo característico con su propia especie en una lucha salvaje producida por la superpoblación y por un estado prácticamente de inanición. Este falso concepto sirvió más de una vez para justificar la guerra, la esclavitud y el genocidio.
>
> *Biosfera: los seres vivos y su ambiente*
> N. M. Jessop
> Omega

10 Observa la red trófica y señala dos cadenas alimentarias que observes en ella. Indica el nivel trófico que ocupa cada uno de sus eslabones.

11 Di en qué nivel trófico incluirías a los siguientes seres vivos: conejo, ciervo, encina, bacteria del suelo, hiena y alga.

12 ¿Qué crees que ocurriría en un ecosistema si se extinguiera un eslabón en una cadena alimentaria?

REPASO FINAL

13 La gráfica refleja la variación de la salinidad a medida que aumenta la profundidad en el océano Pacífico. Analízala y responde a las preguntas.

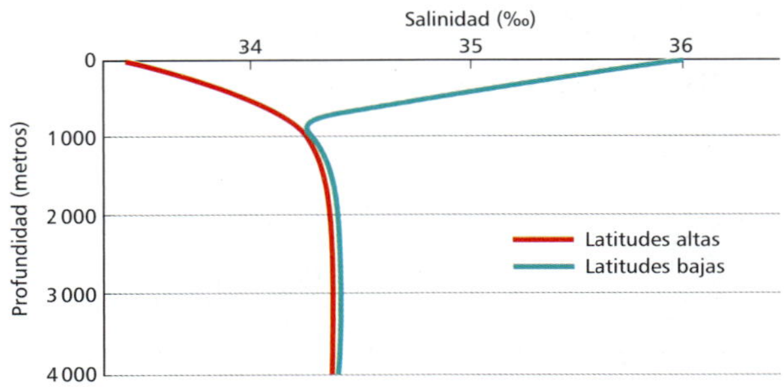

a. ¿Cuál es el valor aproximado de la salinidad del océano Pacífico en superficie para latitudes altas?

b. ¿Por qué tiene diferente valor la salinidad en superficie, según sea la latitud?

c. ¿Por qué la variación de la salinidad es independiente de la latitud a partir de 1 000 metros de profundidad?

14 *Artemia salina* es uno de los pocos invertebrados capaces de sobrevivir en el mar Muerto. Haz una investigación sobre el mar Muerto y *Artemia salina*, y responde:

a. ¿Por qué no existen animales grandes en este mar?

b. ¿Cuál es la causa por la que el mar Muerto es un ecosistema acuático tan diferente a los demás?

c. ¿Qué características permiten a *Artemia salina* sobrevivir en el mar Muerto?

15 Explica cómo cambiará el registro de la cantidad de oxígeno disuelto en el agua de un lago pequeño al hacer un análisis por el día y otro, por la noche.

16 ¿Qué adaptaciones tienen los insectos que viven en aguas corrientes para evitar ser arrastrados?

17 ¿Por qué no existen plantas con raíces profundas en la tundra?

18 Observa las características de los siguientes animales y argumenta a qué ecosistema terrestre puede pertenecer cada uno.

19 ¿Por qué en la selva, aunque existe una vegetación exuberante, el suelo no contiene mucho humus?

20 ¿Qué es una reserva natural? ¿Existe alguna en tu provincia? En caso afirmativo, indica su denominación.

21 Además de otros factores, el tiempo también influye en la creación del suelo, de modo que se puede indicar que un suelo es joven si lleva poco tiempo en formación, o maduro si lleva mucho. Dibuja un perfil de un suelo joven y un perfil de un suelo maduro, y explica sus diferencias.

22 ¿Qué características debe tener un suelo para ser adecuado para el cultivo? ¿Por qué?

23 ¿Qué consecuencias tiene para el ser humano la pérdida de suelo?

EVALUACIÓN

1 Un ecosistema se caracteriza por:

a. Presentar dos componentes básicos: un bioma y un biotopo.

b. Ser un conjunto de seres vivos que se relacionan entre sí, independientemente del sitio en el que se encuentran y de las condiciones ambientales.

c. Tener dos componentes básicos: un biotopo y una biocenosis.

d. Estar formado por dos componentes básicos: una biocenosis y una comunidad.

2 ¿Cuál de los siguientes parámetros o características no facilitan el estudio de una biocenosis?

a. La diversidad.
b. La dominancia.
c. La abundancia.
d. La escasez.

3 No es un factor abiótico:

a. La humedad.
b. El mutualismo.
c. La luz.
d. La temperatura.

4 No es un factor biótico:

a. El mutualismo.
b. La asociación familiar.
c. La temperatura.
d. La competencia.

5 La depredación es una relación interespecífica que se da cuando:

a. Dos especies se benefician mutuamente de su relación.

b. Una especie se beneficia de otra y esta no resulta afectada ni perjudicada.

c. Dos especies se perjudican mutuamente.

d. Una especie se alimenta de otra, provocando su muerte.

6 Los productores en un ecosistema:

a. Son organismos autótrofos encargados de convertir la materia inorgánica en orgánica, gracias a la energía solar.

b. Son organismos heterótrofos encargados de convertir la materia orgánica en inorgánica, gracias a la energía solar.

c. Son organismos autótrofos encargados de convertir la materia orgánica en inorgánica, gracias a la energía solar.

d. Son organismos heterótrofos encargados de convertir la materia inorgánica en sustancias orgánicas, gracias a la energía solar.

7 Los seres que viven semienterrados en el mar pertenecen al:

a. Bentos.
b. Plancton.
c. Necton.
d. Todos los anteriores.

8 En los ecosistemas marinos, casi todos los organismos fotosintetizadores se localizan:

a. En los fondos oceánicos.

b. En los primeros 200 metros de profundidad.

c. Cerca de la costa.

d. En la zona intermareal.

9 La zona pelágica se caracteriza por:

a. Ser la más cercana a la costa.

b. Estar situada más allá de la plataforma continental.

c. Tener aguas poco profundas.

d. La influencia de las mareas sobre los animales.

10 El sustrato de los ecosistemas terrestres es:

a. El aire.
b. La vegetación.
c. Las rocas.
d. El suelo.

11 Los ecosistemas terrestres están determinados por:

a. El clima.
b. La salinidad.
c. La luz.
d. La fauna y la flora.

12 La vegetación herbácea compuesta mayoritariamente por gramíneas, es característica:

a. Del bosque mediterráneo.

b. De la taiga.

c. Del ecosistema de montaña.

d. De la estepa.

13 La construcción de una carretera constituye un impacto:

a. Local.
b. Natural.
c. Global.
d. Tecnológico.

14 El proceso de formación del suelo:

a. Es rápido, por eso se considera un recurso renovable.

b. Tarda varios siglos en desembocar en un suelo maduro.

c. Es independiente de la existencia o no de vegetación.

d. Siempre origina el mismo tipo de suelo.

DIARIO DE APRENDIZAJE

¿Qué técnica he empleado para estudiar el funcionamiento del ecosistema?

somos #link